Abel Hernández-Muñoz

Gatos, amigos enigmáticos

Abel Hernández-Muñoz

Gatos, amigos enigmáticos

Guia de introdução à criação destes felinos

ScienciaScripts

Imprint
Any brand names and product names mentioned in this book are subject to trademark, brand or patent protection and are trademarks or registered trademarks of their respective holders. The use of brand names, product names, common names, trade names, product descriptions etc. even without a particular marking in this work is in no way to be construed to mean that such names may be regarded as unrestricted in respect of trademark and brand protection legislation and could thus be used by anyone.

Cover image: www.ingimage.com

This book is a translation from the original published under ISBN 978-613-9-43800-6.

Publisher:
Sciencia Scripts
is a trademark of
Dodo Books Indian Ocean Ltd. and OmniScriptum S.R.L publishing group

120 High Road, East Finchley, London, N2 9ED, United Kingdom
Str. Armeneasca 28/1, office 1, Chisinau MD-2012, Republic of Moldova, Europe
Printed at: see last page
ISBN: 978-620-8-15230-7

GATOS, AMIGOS ENIGMÁTICOS
Guia de introdução à criação destes felinos

Mestre Abel Hernández Muñoz

Índice

INTRODUÇÃO

Os humanos domesticaram alguns animais para alimentação, vestuário, trabalho e como animais de estimação ou de companhia. A forma como isto aconteceu é controversa. Através da proteção e da criação selectiva, os humanos transformaram os primeiros animais domesticados em raças mais produtivas, como o gado bovino, as ovelhas e as aves de capoeira. Também contribuem para o bem-estar humano os cães, os gatos, os ratos e ratazanas brancos, as cobaias e os macacos, que a investigação médica tem utilizado para aumentar o conhecimento da fisiologia humana e para desenvolver medicamentos e procedimentos para combater as doenças humanas.

No entanto, à medida que a nossa espécie continua a espalhar-se pela Terra, invade e contamina os ambientes de muitos animais, reduzindo os habitats restantes a áreas cada vez mais pequenas. A menos que esta tendência seja invertida, a maior parte da vida animal enfrenta a extinção.

O gato tornou-se um companheiro humano bastante tarde, há cerca de 4.000 anos, no Egito. Não se sabe ao certo porque é que os egípcios domesticaram o gato selvagem. Pode ter sido por razões práticas, uma vez que o gato matava as pragas de roedores que assolavam as lojas de cereais, ou por razões religiosas, uma vez que o gato desempenhava um papel importante na religião egípcia como representação da deusa Bastet.

O gato selvagem, ao contrário dos antepassados de todos os outros grandes animais domésticos, não é sociável. Não é difícil imaginar como os grupos humanos poderiam ter actuado como matilhas, manadas, rebanhos ou bandos de lobos selvagens, javalis, ovelhas ou vitelos, mas não é tão fácil perceber por que razão um gato selvagem aceitaria ter contacto com os humanos, exceto para garantir alimento.

O gato selvagem solitário fez com que os seus descendentes domésticos, cujo comportamento é, em muitos aspectos, uma reminiscência dos seus antepassados, herdassem esta tendência para serem independentes. De facto, com exceção de algumas pequenas alterações na cor, constituição e tamanho, a maioria dos gatos domésticos tem uma aparência física que se assemelha aos seus antepassados selvagens a um nível inimaginável.

Atualmente, vivem em todo o mundo e fazem as delícias de milhões de pessoas que os apreciam como animais de estimação. Para além destes gatos de companhia, existem também gatos de trabalho que eliminam animais indesejados em quintas, ranchos e cidades. Embora mal-humorados, tanto os gatos selvagens como os domésticos podem reduzir as colónias de aves e de pequenos mamíferos.

INFORMAÇÕES GERAIS SOBRE O GATO

1 GERAL

Gato, animal pequeno, principalmente carnívoro *(Felis catus),* pertencente à família Felidae. Popular como animal doméstico e apreciado como caçador de ratos e ratazanas. Como quase todos os membros da família dos felinos, o gato doméstico tem garras retrácteis, boa audição e olfato, visão nocturna notável e um corpo compacto, musculado e muito flexível. O gato tem uma excelente memória e revela uma aptidão considerável para aprender através da observação e da experiência. A esperança de vida natural do gato doméstico é de cerca de 15 anos.

2 ORIGEM DAS ESPÉCIES

A maioria dos cientistas acredita que as variedades de pelo curto do gato doméstico derivam do gato *Felis libyca,* uma espécie de gato selvagem africano domesticado pelos antigos egípcios, talvez já em 2500 a.C., e transportado pelos cavaleiros das Cruzadas para a Europa, onde se cruzou com os gatos selvagens indígenas mais pequenos. As raças de pelo comprido podem ser descendentes do gato selvagem asiático *(Felis manul).* Ao longo dos séculos, o gato manteve praticamente o mesmo tamanho, pesando cerca de 4 kg no final do seu desenvolvimento, e conservou o seu instinto de caça solitária.

2.1 Fisiologia do gato

O corpo do gato doméstico é extremamente flexível: o seu esqueleto é composto por mais de 230 ossos (o esqueleto humano, embora muito maior, contém apenas 206 ossos), a pélvis e os ombros estão ligados à coluna vertebral de forma muito mais solta do que na maioria dos quadrúpedes. A grande capacidade de salto do gato deve-se, em parte, à sua poderosa musculatura. A cauda proporciona estabilidade ao saltar ou cair.

As garras do gato foram concebidas para capturar e segurar a presa.

As suas garras afiadas, curvas e retrácteis são revestidas por uma almofada macia e coriácea na extremidade de cada dedo do pé e são puxadas para fora para lutar, caçar ou trepar. O gato marca o seu território arranhando e deixando o seu cheiro nas árvores ou noutros objectos; as suas garras deixam arranhões visíveis e as glândulas odoríferas das almofadas deixam o seu cheiro.

Os dentes de um gato são para morder, não para mastigar. Os seus poderosos músculos maxilares e os seus dentes afiados permitem-lhe dar uma dentada mortal na sua presa.

2.2 Sentidos

A visão do gato está excecionalmente adaptada à caça, sobretudo nocturna. Tem uma excelente visão nocturna, uma visão periférica muito ampla e uma visão binocular que lhe permite avaliar as distâncias com precisão. A visão diurna do gato não é tão boa como a dos humanos; os gatos vêem o movimento muito mais facilmente do que os pormenores e pensa-se que apenas vêem uma gama limitada de cores.

O gato tem uma audição extremamente sensível. Consegue ouvir uma grande variedade de sons, incluindo sons ultra-sónicos. O seu sentido auditivo é menos sensível às baixas frequências, o que pode explicar porque é que alguns gatos domésticos são mais receptivos às vozes femininas do que às vozes masculinas. O gato vira as orelhas de forma independente para se concentrar em diferentes sons.

O sentido do olfato do gato é altamente desenvolvido, desempenhando um papel vital na procura de alimentos e na reprodução. Muitos dos sinais sociais dos gatos domésticos assumem a forma de cheiro: por exemplo, os machos podem aparentemente cheirar uma fêmea no cio a centenas de metros de distância.

O sentido do paladar do gato é especializado de uma forma peculiar: tem pouca capacidade para detetar a doçura, mas é muito sensível a ligeiras variações no sabor da água. A língua do gato está coberta de protuberâncias ásperas, ou *papos,* que utiliza para raspar a carne dos ossos. Também utiliza a língua para se limpar.

Os bigodes, ou vibrissas, são muito sensíveis ao mais pequeno toque e são utilizados para alertar para obstáculos e para detetar alterações no ambiente; em condições de pouca luz, ajudam-no a orientar-se.

2.3 Reprodução

O gato doméstico atinge a puberdade por volta dos nove ou dez meses de idade. Uma gata sexualmente madura entra no cio, ou *estro,* várias vezes por ano; durante o estro, é recetiva e atraente para os gatos. O período de gestação é de cerca de 65 dias e o tamanho normal da ninhada é de 4 gatinhos. Os gatinhos nascem surdos, cegos e indefesos; abrem os olhos 8 a 10 dias após o nascimento e o desmame começa às 6 semanas de idade.

2.4 Cores do casaco

A cor original da pelagem do gato doméstico era provavelmente castanho-acinzentado com manchas mais escuras, uma cor que proporciona uma excelente camuflagem em vários ambientes. Todas as outras cores e padrões são o resultado de mutações genéticas; por exemplo, os pêlos de cor sólida, como o preto ou o azul, devem-se a um gene que suprime as riscas; os pêlos avermelhados devem-se a um gene que transforma o pigmento preto em pigmento avermelhado; e os pêlos brancos são o resultado de um gene que suprime completamente toda a formação de pigmentos.

Dois pigmentos, o preto e o laranja, constituem a base de todas as colorações modernas dos gatos domésticos. Estes pigmentos podem ser combinados entre si ou com o branco (sem pigmento). Um único gene, o gene O (de *orange*), determina se a pelagem de um gato contém pigmento laranja ou preto. Podemos imaginar o gene O como um interrutor que está ligado (pigmento laranja) ou desligado (pigmento preto). Este gene está localizado no cromossoma X, pelo que a sua herança está relacionada com o sexo.

3 RAÇAS DE GATOS

Existem cerca de 40 variedades ou raças de gatos domésticos reconhecidas em todo o mundo. Embora as diferentes raças difiram radicalmente no comprimento da cauda e no aspeto geral, variam menos em tamanho do que as raças de cães. As raças mais pequenas pesam cerca de 2 a 3 kg num gato adulto e as raças maiores pesam 7 a 9 kg. As tentativas de desenvolver gatos domésticos em miniatura ou gigantes falharam até à data.

3.1 Origens das raças

Muitas raças domésticas, incluindo o Maine Coon, o Manx, o Russian Blue e o Siamês, tiveram origem numa variedade natural do gato doméstico específica de uma área geográfica. Outras, como o Himalaia, são raças criadas por humanos, resultado de uma cuidadosa reprodução ao longo de gerações para obter a aparência desejada. Algumas raças relativamente novas, como o rex (de pelo encaracolado), o sphynx (sem pelo), o scottish fold (com orelhas dobradas) e o american curl (com orelhas cobertas de pelo encaracolado), surgiram de mutações genéticas e foram desenvolvidas como uma raça distinta através de reprodução selectiva.

3.2 Padrão da raça

Para cada raça de gato doméstico existe um padrão de perfeição, declarado por diferentes associações de proprietários de gatos, que descreve o gato ideal de uma determinada raça e as suas caraterísticas distintivas, define caraterísticas ideais e não ideais e menciona defeitos que, numa exposição felina, podem ser motivo de sanções ou desqualificação. Por exemplo, no estalão do gato siamês, os olhos são descritos como sendo amendoados e inclinados em direção ao focinho, sendo os olhos semicerrados um defeito desqualificante.

Os modelos de cada raça diferem ligeiramente de uma associação para outra e nem todas as associações reconhecem todas as raças. Para ser aceite numa associação, uma raça deve, em primeiro lugar, ser aceite a título provisório. Para poder participar nos campeonatos, a raça deve cumprir um certo número de requisitos que variam consoante a associação.

Raças modernas de gatos

RAÇA	COMPRIMENTO DE CABELO	DESCRIÇÃO
Abissínio	Curto	Gato gracioso e esguio, com um tique algo semelhante ao do coelho-bravo.
Caracol americano	Semi-longo	Raça nova, com orelhas ligeiramente curvadas para cima, pelo semi-longo e olhos cor de avelã médios a grandes.
Caracóis americanos e cabelo curto	Curto	Versão para cabelo curto do caracol americano.
Pelo curto americano	Curto	Gato originário da América do Norte, de pelo curto e bom caçador de roedores. É um animal robusto com um nariz alongado, que existe numa grande variedade de cores.
Pelo de arame americano	Curto	Semelhante ao pelo curto americano, exceto pela sua pelagem, que é espessa, lanosa e grosseira. Os seus bigodes são curvos e podem projetar-se em ângulos estranhos.
balinesa	Semi-longo	Versão de pelo comprido do siamês. Pelagem semi-longa, fina, sedosa e variegada.
Bengala	Curto	Gato de grande porte com uma pelagem manchada de castanho-dourado, semelhante a um pequeno leopardo. A raça Bengal é um cruzamento entre o gato doméstico e o gato leopardo asiático.
Birmânia de Sagrada	Semi-longo	Gato envolto em mistério e lenda. Olhos azuis intensos, pelagem com pontas uniformes e luvas de um branco puro.
Bombaim	Curto	Gato de tamanho médio e musculado, com uma cabeça arredondada e atraente. Caracteriza-se pela sua pelagem brilhante de "pantera" e pelos seus olhos grandes, brilhantes e profundamente acobreados.
Pelo curto britânico	Curto	Gato originário da Grã-Bretanha, muito útil para o controlo dos roedores. Forte, maciço e robusto, tem uma cabeça e olhos redondos e uma pelagem curta, densa e frisada.
birmanês	Curto	Gato forte e compacto, com uma cabeça redonda e grandes olhos dourados redondos. O seu pelo curto e acetinado está disponível nas cores jato contínuo, champanhe, azul e vermelho.
Califórnia com lantejoulas	Curto	Raça recente, com manchas ou rosetas no dorso e nos flancos, e riscas no pescoço e nas espáduas.

Chartreux	Curto	Antiga raça francesa. Com um corpo robusto e ágil, tem uma cabeça larga e sorridente. A sua pelagem curta e densa pode ter uma tonalidade azulada.
Ponto de cor europeu	Curto	Todos os siameses, exceto os de ponta selada, azul, chocolate ou lilás.
Cornish rex	Curto	Pelo curto e ondulado, orelhas muito grandes e corpo longo e esguio, com um nariz afiado como o de um galgo.
Cymric	Longo	Versão de pelo comprido do manx.
Devon Rex	Curto	Rosto e orelhas de elfo e pelo macio e ondulado.
Mau egípcio	Curto	A única raça natural de gato malhado. Olhos cor de groselha em forma de amêndoa e pelagem curta e malhada.
Pelo curto exótico	Curto	Versão de pelo curto do Persa. Pelagem curta, macia e felpuda.
Havana	Curto	Gato de tamanho médio com olhos verdes profundos e pelo curto, brilhante e castanho quente profundo.
Himalaia	Longo	Semelhante ao Persa, do qual se distingue pelas suas marcas, que são pontiagudas (como o Siamês).
Bobtail japonês	Curto	Gato originário do Japão. Corpo longo e elegante, com uma cauda curta que termina numa borla. Apresenta-se numa grande variedade de cores. O colorido "mi-ke" (tartaruga preta, vermelha e branca) é o mais popular porque se diz que traz boa sorte.
javanês	Semi-longo	Qualquer Balinês que não seja de focinho, azul, chocolate ou lilás.
Caxemira	Longo	Chocolate ou lilás persa.
Korat	Curto	Originário da Tailândia, onde é frequentemente considerado um gato de boa sorte. Rosto em forma de coração com grandes olhos redondos e pelagem azul prateada sólida.
Guaxinim do Maine	Longo	Gato de pelo comprido originário da América do Norte. Animal de bom tamanho e bom carácter, com uma pelagem desgrenhada que não necessita de cuidados especiais.
Manx	Curto	Gato sem cauda originário da Ilha de Man. De corpo curto, firme e arredondado, as patas traseiras são mais compridas do que as dianteiras.
Nibelungos	Longo	Versão de pelo comprido do azul russo.
Floresta norueguesa	de Largo	Gato nativo da Noruega, bom caçador de roedores. De tamanho médio a grande, pelagem longa e hidrófoba, cabeça triangular com orelhas em tufos, grandes olhos amendoados e cauda longa e espessa.
Ocicat	Curto	Raça malhada de grande porte, originária do cruzamento de Abissínios, Siameses e American

		Shorthairs.
Oriental	**Semi-longo**	**Versão não manchada do Balinês. De olhos verdes e de várias cores, exceto a ponta.**
Oriental Shorthair	**de Corto**	**Versão não manchada do Siamês. Olhos verdes e várias cores, exceto a ponta.**
Persa	**Longo**	**Gato baixo e atarracado, com ossos maciços, pelo muito longo e espesso, nariz curto e largo, orelhas pequenas e olhos grandes e redondos.**
Ragdoll	**Semi-longo**	**Raça de grande porte cujo nome ("ragdoll") se deve ao seu temperamento dócil e muito calmo. Os ragdolls existem em várias cores, incluindo padrões pontiagudos (siameses) com ou sem luvas brancas nas patas.**
Azul russo	**Curto**	**Gato gracioso com orelhas grandes e olhos verdes-esmeralda brilhantes. A sua pelagem curta e dupla é azul uniforme com um folho prateado.**
Calção de dobra escocês		**Gato atarracado, com orelhas pequenas e dobradas e uma expressão simpática de tristeza. A sua densa pelagem branca apresenta uma grande diversidade de padrões e cores.**
Scottish fold Pelo comprido		**Versão de pelo comprido do "scottish fold".**
Selkirk rex	**Curto**	**Gato grande e musculado, com uma pelagem encaracolada e felpuda.**
Selkirk rex de pelo semi-longo		**Versão de pelo semi-longo do selkirk rex.**
Siamês	**Curto**	**Gato esguio com olhos azuis e coloração caraterística: corpo branco-creme com cores mais escuras nas patas, orelhas, máscara e cauda.**
Singapura	**Curto**	**Gato pequeno e atarracado originário de Singapura. Olhos grandes e amendoados, pelo curto e castanho, semelhante ao dos coelhos selvagens.**
Raquetes de neve	**Curto**	**Gato alongado, atarracado, com cores de ponta semelhantes às do Siamês, patas e máscara facial brancas. A raça foi criada a partir do cruzamento do Siamês com o American Shorthairs bicolor.**
Somali	**Semi-longo**	**Versão de pelo mais comprido do que o Abissínio. Pelagem semi-longa e cauda desgrenhada.**
Sphynx	**Curto**	**Gato quase sem pelo, com orelhas muito grandes e uma cara de fada. O pelo tem um aspeto áspero e, ao tato, parece uma camurça macia e quente.**
Tiffanie	**Longo**	**Versão de pelo comprido do birmanês.**

Tonquinês	Curto	Raça originária de cruzamentos entre siameses e birmaneses. As patas, a cauda, as orelhas e o nariz são de cor escura, enquanto o corpo é ligeiramente mais claro. Olhos azuis-esverdeados, pelagem fina e brilhante em creme, lilás, azul e platina.
Angorá turco	Semi-longo	Gato comprido e esguio, com cabeça em forma de cunha, olhos ovais, pelagem elegante, fina e sedosa e cauda espessa.
Carrinha turca	Semi-longo	Raça antiga, originária das regiões montanhosas da Turquia Oriental, perto do lago Van. É um gato predominantemente branco, com uma ou duas manchas coloridas na cabeça, na cauda e no corpo. O gato turco de Van caracteriza-se pelo seu gosto pela água.

4 O CUIDADO DOS GATOS

Os gatos, como todos os animais de estimação, dependem dos seres humanos para os seus cuidados e alimentação e requerem uma atenção considerável.

4.1 Cuidados gerais

Embora os gatos tenham a reputação de serem relativamente independentes, os gatos domésticos precisam do amor e da atenção dos seus donos. Uma dieta diária equilibrada, como a fornecida por alimentos comerciais de alta qualidade para gatos, é essencial para a sua saúde e longevidade, tal como um abastecimento regular de água fresca. A limpeza regular do tabuleiro de areia é necessária para evitar doenças; alguns gatos não utilizam o tabuleiro de areia quando este não está muito limpo. As unhas dos gatos devem ser aparadas com frequência. Para evitar danificar os móveis, deveria ser fornecido um poste para arranhar, de preferência de um material áspero como o fio de pita. Os gatos utilizam a língua para limpar o pelo e, normalmente, comem todos os pêlos soltos. Todos os gatos, incluindo os de pelo curto, devem ser escovados semanalmente para remover todos os pêlos soltos, o que ajuda a evitar a formação de bolas de pelo no estômago. Algumas raças de pelo comprido, como o Persa ou o Himalaia, requerem uma escovagem diária para evitar que o seu pelo comprido e macio se emaranhe.

4.2 Doenças dos gatos

Os gatos domésticos são susceptíveis a uma série de doenças virais e bacterianas. Felizmente, muitas doenças felinas podem ser controladas através de um programa regular de vacinação. Os gatos também podem sofrer de parasitas externos, como pulgas, lombrigas e parasitas intestinais (vermes).

As infecções respiratórias são uma doença comum e podem ser fatais, especialmente em gatinhos jovens. As vacinas oferecem alguma proteção contra as seguintes doenças respiratórias: *rinotraqueíte viral felina* (FVR), *peste felina e pneumonia felina.*

A enterite infecciosa felina é uma doença altamente contagiosa, frequentemente fatal, caracterizada por um ataque súbito e vários sintomas gastrointestinais, como vómitos ou diarreia. A vacinação é a única forma eficaz de controlar a doença.

A leucemia felina é uma doença contagiosa e fatal que se transmite por contacto direto. Um gato com leucemia felina apresenta vários sintomas, incluindo mal-estar geral, perda de peso e febre. Um gato infetado pode transmitir a doença a outros gatos antes de desenvolver ele próprio sintomas clínicos. Uma análise ao sangue pode detetar se um gato foi infetado. Embora exista uma vacina, a forma mais fiável de prevenir a leucemia felina é evitar que o gato entre em contacto com gatos infectados com o vírus.

A peritonite infecciosa felina (PIF) é uma inflamação do peritoneu (revestimento do abdómen). Embora a PIF seja contagiosa, alguns gatos parecem desenvolver uma imunidade natural. Um gato infetado pode não apresentar sintomas. Quando um gato desenvolve sintomas, a doença é invariavelmente fatal. Não existe um teste sanguíneo fiável para a PIF, mas está agora disponível uma vacina.

4.3 Vacinas

Os gatos podem ser vacinados com êxito contra muitas doenças graves. Os gatinhos devem ser vacinados contra a rinotraqueíte, a peste felina, a enterite felina e, opcionalmente, a pneumonia felina. A maioria dos veterinários recomenda uma série de duas ou três vacinas de três em três semanas, a partir das três semanas de idade. Às doze semanas, o gato pode ser vacinado contra a raiva (em países onde é endémica), a leucemia felina e a peritonite infecciosa felina. As vacinas devem ser repetidas anualmente para manter a imunidade.

5 APRESENTAÇÃO E AVALIAÇÃO DO GATO

Muitos donos de gatos, mesmo os donos de gatos cruzados, gostam de expor os seus gatos em espectáculos ou exposições.

Os juízes devem ser formados e acreditados. Os gatos de raça pura são julgados pela sua saúde, temperamento e pelo facto de corresponderem às várias caraterísticas do seu modelo. Os gatos de cruzamento são julgados pela sua saúde, temperamento e aspeto geral. Todos os gatos devem ser dóceis e podem ser desqualificados se morderem ou ferirem o juiz de qualquer forma.

5.1 Associações de gatos

Uma associação de gatos é uma organização onde os gatos e os gatinhos são registados, as exposições são organizadas e os juízes são selecionados. Na maioria dos países existem várias associações de gatos. Os clubes de gatos, os criadores e os proprietários que expõem os seus animais escolhem a associação a que querem aderir e os modelos de raça que querem seguir.

5.2 Exposições de gatos

Durante o ano, realiza-se um número crescente de exposições de gatos a nível local, regional e nacional, com centenas de gatos a competir por troféus. Os donos expõem os seus gatos por diversão e para ganhar reputação entre os criadores e outros expositores. As exposições raramente têm prémios em dinheiro e as taxas de inscrição e as despesas de viagem podem ser elevadas.

Embora as regras e os procedimentos exactos variem de associação para associação, as formas são semelhantes. Existem normalmente quatro categorias de competição: gatinhos com pedigree, adultos com pedigree, gatos com pedigree com cirurgia (castrados ou sem útero e ovários) e animais de estimação (gatos ou gatinhos cruzados).

Uma única exposição felina pode ter entre 8 e 20 juízes diferentes e, normalmente, cada gato é julgado por todos os juízes. Em muitas exposições, cada juiz tem o seu próprio *ringue, uma* área composta por 10 a 15 gaiolas e uma mesa de julgamento. Os gatos esperam em gaiolas numa outra área da exposição, chamada área de exposição. Os donos, ao ouvirem os seus nomes, trazem os gatos para o *ringue e* colocam-nos nas gaiolas de avaliação. O juiz retira cada gato da gaiola, coloca-o sobre a mesa e examina-o cuidadosamente para se certificar de que é saudável e está de acordo com o padrão da sua raça. Depois de avaliar todos os gatos de uma determinada raça ou categoria, o juiz atribui os prémios preliminares, por exemplo, a melhor cor ou o melhor gato de cada raça. Depois de os julgar a todos, atribui os grandes troféus aos dez melhores de cada categoria. Cada juiz trabalha de forma independente e as suas opiniões podem ser muito diferentes.

6 HISTÓRIA POPULAR DOS GATOS

Os gatos figuram na história de muitas nações, são objeto de superstições e lendas e um motivo favorito de artistas e escritores.

6.1 História e lenda

Os gatos eram adorados no Egito devido à sua capacidade de reduzir a população de ratos nos campos de cereais economicamente importantes do Nilo. A deusa egípcia Bastet, representada com o corpo de uma mulher e a cabeça de um gato, era a deusa do amor e da fertilidade. Os gatos eram também um desporto para os egípcios; amarrados a trelas, caçavam aves para a mesa da família: o dono lançava um boomerang que derrubava as aves para que o gato as apanhasse e entregasse ao dono. Devido à sua utilidade económica, e porque se acreditava que podiam dar à luz muitos filhos, os gatos eram tão venerados que, por vezes, eram mumificados para serem enterrados com os seus donos ou em túmulos concebidos para o efeito.

Embora a lei egípcia proibisse a saída de gatos sagrados do país, os marinheiros fenícios contrabandeavam-nos. Os gatos eram vendidos como outros tesouros do Oriente e, na Antiguidade, eram encontrados em toda a costa mediterrânica. Os romanos parecem ter sido os primeiros a introduzi-los na Europa.

O valor dos gatos como predadores foi reconhecido em meados do século XIV, quando uma praga causada por ratos, conhecida como Peste Negra, atacou a população europeia. No entanto, os gatos eram odiados e temidos durante a Idade Média. Devido aos seus hábitos noturnos, acreditava-se que tinham relações com o diabo. Esta associação do gato à bruxaria foi responsável por muitos actos de crueldade contra os gatos ao longo dos séculos. O Renascimento, no entanto, foi uma época de ouro para os gatos. Quase toda a gente tinha um, desde os membros das famílias reais e os seus criados até aos camponeses.

Na Índia, os gatos desempenhavam frequentemente um papel

importante nas cerimónias religiosas e ocultas. Na América do Sul, os Incas veneravam os gatos sagrados, que são representados em obras de arte pré-colombianas no Peru. Os gatos continuam a ser venerados em países como a Tailândia e a China.

6.2 Gatos na arte e na literatura

As pinturas e esculturas de túmulos egípcios são as primeiras representações do gato doméstico. As imagens de gatos aparecem em moedas gregas do século V a.C.; mais tarde, os gatos foram representados em mosaicos e pinturas romanas, bem como em cerâmica, moedas e conchas. O *Livro de Kells*, manuscrito irlandês do século VIII, retrata gatos e gatinhos numa das suas ilustrações. Artistas posteriores, como Leonardo da Vinci e Dürer, contam-se entre os muitos que incluíram gatos nas suas obras.

Embora o Antigo Testamento não faça qualquer menção aos gatos, o Talmude babilónico fala das suas qualidades admiráveis e incentiva a criação de gatos "para ajudar a manter as casas limpas". Entre os gatos memoráveis da literatura contam-se "O Gato que Andava Sozinho" de Rudyard Kipling, o Gato de Cheshire, criação conjunta do escritor inglês Lewis Carroll e do ilustrador Sir John Tenniel no clássico infantil *As Aventuras de Alice no País das Maravilhas* (1865) e *O Gato Preto* de Edgar Allan Poe. Muitas bandas desenhadas e desenhos animados contemporâneos também apresentam personagens felinas que fazem as delícias dos amantes de gatos de todas as idades.

CRIAR UM GATINHO: DICAS E TRUQUES ÚTEIS!

Chegou finalmente o momento: o seu gatinho pode voltar para casa. E agora tem uma tarefa importante: é altura de começar a criar o seu gatinho. Trata-se de apreciar o novo membro da família, e isso pode ser emocionante. Utilize estas dicas de educação para dar ao seu gatinho uma base saudável para uma vida segura e feliz e, claro, uma boa relação consigo.

Tem tudo o que precisa para criar o seu gatinho?

Quando se cria um gatinho, é importante ter uma série de coisas em casa. Pense, por exemplo, em cestos, brinquedos, uma escova, corta-unhas e um poste para arranhar. Mas isso não é tudo, claro, dê uma vista de olhos à nossa lista de verificação das necessidades do gatinho para obter uma lista completa e determinar o que precisa - uma boa preparação é metade do trabalho!

Dicas para tornar a sua casa à prova de gatinhos

Tal como acontece com um bebé ou um cachorro, ao criar um gatinho é importante preparar a casa do gatinho. O gatinho não sabe quase nada sobre o mundo que o rodeia e tem de aprender passo a passo o que é permitido e o que não é permitido e é preciso evitar situações perigosas. Ao criar um gatinho, é aconselhável tornar a sua casa à prova de gatinhos. Temos todo o gosto em ajudá-lo com ideias sobre como o fazer.

- **Os gatinhos gostam de explorar, por isso certifique-se de que não conseguem alcançar objectos venenosos.**
  Descubra o que é venenoso para os gatos: plantas, medicamentos, pesticidas, produtos de limpeza e alimentos (por exemplo, chocolate).
- **Certifique-se de que não existem objectos em casa que o seu gatinho possa engolir facilmente.**
  Pense, por exemplo, em moedas, elásticos, agulhas ou brinquedos.
- **Pense em cordas e cabos soltos.**

Guardá-los ou protegê-los com material adequado. Tornar a casa à prova de gatinhos.

- **Guardar os objectos frágeis num local seguro.**
  Tem uma bela estátua no parapeito da janela? É provável que o gatinho a deixe cair acidentalmente no chão. Se puder, coloque qualquer coisa quebrável num local onde o seu pequeno aventureiro não a possa alcançar.
- **Certifique-se de que o seu gatinho não pode ficar preso em nada.** Pense na máquina de lavar roupa, na máquina de secar roupa, nas cortinas, nas janelas basculantes, nas tiras de persianas, etc.
- **Certifique-se de que o gatinho não pode beber ou cair na sanita.**
  Sim, até isso é algo em que se deve pensar quando se cria um gatinho....
- **Não deixar janelas ou portas abertas.**
  Considere também a porta da varanda e não coloque as janelas numa posição inclinada (existem caixilhos especiais para janelas inclinadas).
- **Tem escadas abertas em casa?**
  Não deixe que o seu gatinho as descubra até ser um pouco mais velho.
- **Lixo: Arranje um caixote do lixo que possa ser fechado à chave e no qual o seu gatinho não possa trepar ou cair.**
  Não deixe sacos de lixo soltos com dejectos. O cheiro é muito interessante e o seu novo amigo pode espalhar lixo pela casa ou comer coisas que não são apropriadas.
- **O seu gatinho tem idade suficiente para explorar o jardim?**
  Verificar se as plantas são venenosas para os gatos.

Sabia que: A partir das 5 semanas de idade, a visão de um gatinho está completamente desenvolvida. Conseguem agora ver muito melhor no escuro do que os humanos, mas vêem menos cores do que nós.

Certifique-se de que o seu gatinho não brinca com fios ou cordas soltas.

Ajude o seu gatinho a sentir-se em casa rapidamente

Ao criar um gatinho, é muito importante que ele se sinta confortável. O gatinho terá muitas impressões novas durante a transição. Despedir-se dos seus companheiros de ninhada e da sua mãe é também uma grande mudança. Dê ao seu gatinho uma receção calorosa e prepare a sua casa com CatComfort. Estes produtos contêm uma cópia das feromonas do seu próprio corpo. A mãe gata liberta feromonas enquanto amamenta para criar uma sensação de segurança e proteção. Com CatComfort pode imitar esta sensação e pode, por exemplo, tratar a caixa de areia ou o cesto de viagem com o Spray. Ou colocar um Vaporizador dentro de casa para indicar imediatamente que esse espaço é agradável e seguro. Para conhecer outros gatos, é preferível utilizar a Coleira ou o Spray para favorecer a relação entre gatos. Estes instrumentos são úteis para fazer com que o seu gatinho se sinta em casa.

Antes de começar a acolher o seu gatinho, é boa ideia dar-lhe tempo para se habituar à sua nova casa.

Os gatinhos precisam de dormir muito. É importante proporcionar-lhe um local tranquilo para dormir. Por exemplo, escolha um quarto onde não possam entrar outros membros da família (crianças e outros animais de estimação) e deixe-o habituar-se ao novo ambiente. Aqui pode colocar uma cama, uma caixa de areia e uma tigela de comida e água. Se tiver crianças, informe-as de que não as devem incomodar enquanto o gatinho dorme. Certifique-se de que existem suficientes esconderijos (seguros) no resto da casa. É também uma boa ideia colocar uma caixa de areia extra noutro local (por exemplo, noutro andar).

Por natureza, os gatos gostam de trepar. Certifique-se de que o seu gatinho tem oportunidades de trepar pela casa. Por exemplo, com algumas tábuas ou um grande poste para arranhar. Desta forma, o seu gatinho sentir-se-á à vontade em qualquer parte da casa.

Sabia que...? Enquanto amamenta, a mãe gata liberta a feromona materna. Esta feromona reforça a relação entre a mãe e o gatinho e proporciona uma sensação de segurança e proteção.

Certifique-se de que o seu gatinho tem muitas oportunidades para trepar, arranhar e esconder-se.

Dicas para treinar o seu gatinho a ir à casa de banho

Em geral, os gatinhos são muito fáceis de domesticar. Isto deve-se ao facto de os gatos serem animais muito limpos. Além disso, a mãe gata já se encarregou normalmente desta parte da educação do gatinho. Se o seu gatinho ainda precisa de ajuda, aqui estão algumas dicas:

- **Disponibilizar caixas de areia suficientes.**

Isto significa, pelo menos, uma caixa por gato + uma caixa adicional.

- **Utilize a areia para gatos a que o seu gatinho está habituado desde que está com o criador.**
  Isto irá familiarizá-lo com a caixa de areia e facilitará a sua utilização pelo gatinho.

- **Colocar a caixa de areia no sítio certo.**
  Certifique-se de que a caixa se encontra num local calmo e de fácil acesso para o gatinho. Portanto, não diretamente num corredor movimentado, mas também não num canto afastado do terceiro andar. Além disso, não coloque a caixa demasiado perto da tigela de comida ou de água.
- **Retirar a tampa da caixa de areia.**
  Isto fará com que o seu gatinho se sinta mais à vontade.
- **Coloque o seu gatinho na sua caixa de areia quando notar que ele precisa de a utilizar.**
- **Limpar regularmente a caixa de areia.**
  De preferência, retire a areia duas vezes por dia e mude a areia do gato de 1 em 1 ou de 2 em 2 semanas. Além disso, limpe regularmente a caixa de areia com água morna e um produto de limpeza adequado.

Sugestão: Quer evitar odores desagradáveis na caixa de areia? O neutralizador de odores Beaphar absorve a urina imediatamente, encapsula o odor e decompõe a urina com bactérias naturais.

Os gatinhos podem ser domesticados muito facilmente. De preferência, utilize uma caixa de areia sem tampa.

Que comida devo dar ao meu gatinho?

Enquanto estiver a criar o seu gatinho, uma boa alimentação também é importante. Quando o gatinho acaba de se mudar para sua casa, é melhor alimentá-lo com a comida a que está habituado. Se pretender mudar de alimento mais tarde, misture gradualmente o novo alimento com o antigo.

Escolha alimentos de alta qualidade feitos especificamente para gatinhos e pergunte à sua loja de animais qual o melhor alimento para o seu gatinho.

Criar um gatinho: a socialização é muito importante

Ao criar o seu gatinho, é importante uma boa socialização para que ele possa crescer e tornar-se um gato confiante e equilibrado. O primeiro período de socialização (de 3 a 8 semanas de idade) ocorre com o criador. O segundo período de socialização (das 9 às 14-16 semanas) decorre parcialmente com o dono. Durante este período, os gatinhos ainda estão muito abertos a novas experiências. Depois disso, são naturalmente mais desconfiados em relação a coisas novas.

Durante este período, é muito importante que o gatinho entre em contacto frequente com as pessoas. Acaricie o seu gatinho regularmente, dê-lhe guloseimas ao colo, pegue nele, acaricie-o, brinque com ele, etc. Deixe que os outros membros da família façam o mesmo e apresente regularmente o seu jovem gato aos amigos e à família. Uma vantagem suplementar é que, para além de se habituar às pessoas, o gatinho vai também criar uma boa relação consigo.

Brinque e acaricie o seu gatinho regularmente para que ele aprenda a confiar nas pessoas e construa uma boa relação com ele.

Educar o seu gatinho também inclui apresentá-lo a outros animais de estimação. Faça-o gradualmente e dê-lhes tempo para se habituarem uns aos outros.

Pode ser necessário levá-lo ao veterinário (por exemplo, para vacinar). Faça com que seja uma experiência divertida, dando-lhe guloseimas. Deixe o seu gatinho habituar-se primeiro ao cesto de viagem. Abra-o no quarto e coloque uma almofada bonita e algo saboroso lá dentro. Torne-o divertido e pratique com a porta fechada quando o seu gatinho se habituar. Aumente gradualmente a duração. O CatComfort Spray pode ajudar a tornar o cesto de viagem num local mais familiar. Após a primeira visita ao veterinário, pode continuar a praticar para habituar o seu gatinho ao cesto de viagem, para que da próxima vez seja ainda mais divertido.

Por fim, é também uma boa ideia habituar o seu jovem gato a sons como o fogo de artifício, o trovão ou o aspirador. Toque estes sons suavemente, aumentando gradualmente o volume. Faça com que seja uma boa experiência, brincando com ele ou dando-lhe algumas guloseimas. Pode habituá-lo ao aspirador, ligando-o brevemente e recompensando o seu gatinho. Se incluir isto na educação do seu gatinho, ficará surpreendido com a rapidez com que ele se sentirá seguro no seu ambiente!

Apresente suavemente o seu gatinho a outros animais de estimação.

Treinar o seu gatinho

Toda a gente sabe que se pode domesticar um cachorro, mas isso também é possível com os gatinhos! É aqui que começa a verdadeira educação do gatinho: o seu gatinho tem de aprender o que é e o que não é permitido. Uma regra importante na criação de gatinhos é: não castigue, recompense! Quando o seu gatinho faz algo que não quer, é importante ter em conta o que quer.

Por exemplo, ele trepa para a bancada? Pense numa alternativa que vos agrade a ambos. Muitas vezes, o gatinho é curioso. Crie um lugar onde ele se possa sentar e continuar a ver o balcão. Desta forma, a sua curiosidade é acalmada e ele continua a sentir-se parte do grupo. Quando tiver encontrado o local ideal, ponha lá uma guloseima sempre que tiver de fazer alguma coisa no balcão e recompense-o se ele observar calmamente a partir desse local. Utilize o mesmo princípio para ensinar o seu gatinho a coçar no poste de coçar, em vez de o fazer na mobília.

Recompense o seu gatinho por bom comportamento, para que ele aprenda o que é permitido e o que não é.

Também pode utilizar um clicker para o ajudar. Quer saber mais sobre a utilização de um clicker? Entre em contacto com um especialista em comportamento felino.

Dica: Nunca ensine o seu gatinho a brincar (e a morder) com as suas mãos e pés. Desvie a atenção da sua mão para um brinquedo adequado.

Se seguir estas dicas ao criar o seu gatinho, este crescerá e tornar-se-á um membro feliz, bem ajustado e bem-educado da família.

DICAS PARA DOMESTICAR O SEU GATO

Um **gato bem educado** é aquele que vive em harmonia com o resto dos indivíduos de uma casa. Para o conseguir, devemos compreender a natureza do gato enquanto espécie e adaptarmo-nos às suas necessidades e às nossas. Os gatos caracterizam-se pela sua natureza independente e por uma marcada tendência territorial, algo que os donos devem compreender e respeitar para evitar problemas com o seu novo **animal de estimação**.

Os gatos de vida livre passam a maior parte do seu tempo a descansar, a cuidar das suas peles, a caçar e a deixar marcas no seu território. Para que um gato se sinta bem quando vive em casa, precisa de exprimir estas tendências naturais. Não basta satisfazer as suas necessidades básicas, como a comida e a água, é também necessário que o gato possa explorar o seu ambiente, marcar **o seu território** ou brincar a perseguir objectos, simulando o ato de caçar.

O nosso objetivo como donos é encontrar um equilíbrio para o desenvolvimento do **comportamento inato do gato** em casa, conseguindo um indivíduo descontraído e adaptado, sem que isso se traduza numa convivência incómoda.

Como é que interajo com o meu gato?

Socialmente, o gato é definido como **independente**. O gato selvagem vive sozinho e não forma grupos. Procura a companhia do sexo oposto apenas para se reproduzir. Em casa, devemos encorajar a independência, deixando o gato decidir o grau de contacto social que quer manter com cada membro da família com quem vive. Por isso, não o devemos obrigar a estar connosco ou a fazer-lhe festas durante mais tempo do que ele considera aceitável. Além disso, ele gosta de desfrutar de momentos de privacidade longe de outros gatos ou pessoas.

Os gatos têm um **comportamento lúdico** muito acentuado, especialmente nos primeiros meses de vida, e a sua distração preferida é perseguir objectos em movimento como se os estivessem a caçar. Por isso, se brincarmos com ele com as mãos ou com os pés, ele morder-nos-á. O jogo ideal é utilizar uma bola de papel ou brinquedos especialmente concebidos para eles e jogar uma ou duas sessões por dia. Brincar diariamente favorece a interação com eles e minimiza o stress, e o exercício também previne o aparecimento de certas doenças relacionadas com o sedentarismo e a obesidade.

O castigo não deve ser utilizado porque não é um método de **educação** aceitável **para o gato**, mas sim uma fonte de stress, de medo e até de agressividade.

Chaves para ajudar o seu gato a adaptar-se e a sentir-se confortável em casa

Os gatos são muito apegados ao local onde vivem devido à sua territorialidade, pelo que há algumas coisas a ter em conta para que se adaptem à casa e fiquem o mais confortáveis e calmos possível. Por este motivo, uma das chaves é **evitar mudar o gato de sítio.** É muito stressante para ele mudar de lugar, por isso só devemos mudá-lo quando for estritamente necessário. É preferível deixar o gato em casa quando estamos ausentes durante alguns dias e pedir a alguém que venha todos os dias alimentá-lo e limpar o seu tabuleiro.

Da mesma forma, quando se fazem **alterações na casa**, modificam-se as caraterísticas do território. É o que acontece quando renovamos a casa ou compramos móveis novos. Obviamente, por vezes estas mudanças são necessárias e, para evitar o stress do nosso companheiro felino, podemos esfregar uma toalha, previamente utilizada pelo gato, sobre a nova superfície, por exemplo: um tapete.

Quando levar amigos ou familiares a sua casa, avise as pessoas que vão **passar** temporariamente **tempo com o gato** que devem respeitar o espaço **do** gato e não forçar a interação, deixando ao gato a decisão de quando e quanto tempo deve durar o contacto.

Uma ideia importante é que o gato deve ter sempre um local de fuga ou escape onde se sinta seguro e de onde possa observar o seu território e tudo o que nele acontece. O espaço não deve ser confinado por portas fechadas ou interação forçada com pessoas ou outros animais de estimação. A aproximação a estes deve ser gradual e com a opção de o gato fugir da situação para um local seguro se o contacto não lhe agradar.

Preparar o seu gato para a chegada de um bebé ou de outro animal de estimação em casa

Outra **situação stressante para o gato** é a chegada de um novo indivíduo, felino ou humano, ao seu território. O ideal com outro gato é uma aproximação gradual em que inicialmente há apenas contacto olfativo e, pouco a pouco, à medida que se toleram, aumentam o contacto até poderem viver juntos no mesmo espaço.

A **reação de um gato à chegada de um novo bebé** é muitas vezes motivo de preocupação para os donos. O mais importante neste caso é encorajar a adaptação durante a gravidez, tentar não perturbar o seu território físico ou alterar a sua rotina diária, e deixá-lo cheirar as novas roupas e investigar os novos espaços criados para o bebé.

Do mesmo modo, a chegada de um novo gato à casa deve ser controlada e progressiva, imitando o comportamento natural. Nos gatos de vida livre, formam-se colónias de 20 ou mais indivíduos e as fêmeas parecem ser mais tolerantes do que os machos. Quando um novo indivíduo se quer juntar à colónia, percorre os limites do território para que os gatos da colónia estabelecida se habituem à sua presença e, sobretudo, ao seu cheiro. Se tudo correr bem, em poucos dias ele tornar-se-á parte do grupo.

O Conselho

Para todas as situações acima descritas, podem ser utilizadas **feromonas felinas sintéticas**, que se ligam como ambientadores eléctricos e emitem feromonas felinas, criando um estado de bem-estar e tranquilidade no gato que minimiza o stress.

Como impedir o seu gato de arranhar todos os móveis

Uma das coisas que aborrece muitos donos, ou que os afasta diretamente de ter um gato como animal de estimação, é o facto de acabarem por ter todos os móveis da casa arranhados e as cortinas e tapetes rasgados... Pois bem, é preciso entender que **arranhar** é um comportamento natural do gato que tem várias funções, como marcar território, permitir que ele cuide das garras e estique os músculos. Por isso, inibir esta ação é um erro que cria ansiedade no gato e pode levar a problemas de comportamento mais tarde.

Para evitar que o comportamento seja direcionado para locais inadequados como portas, sofás ou tapetes, o ideal é ter um poste de arranhar com caraterísticas e localização que garantam a sua utilização. Este poste de arranhar deve ter uma base estável e uma superfície de arranhar vertical. Deve **ser colocado nos locais de repouso do gato** e, de preferência, onde ele já arranhou antes.

Um gato com garras afiadas e um tapete é sempre sinónimo de perigo...

Um dos erros mais comuns é colocar o poste para arranhar numa zona escondida, onde não seja esteticamente intrusivo. Desta forma, o gato nunca o utilizará e continuará a arranhar as suas garras no nosso maravilhoso sofá de couro. Estes arranhadores podem ser incorporados em plataformas interactivas concebidas para gatos que proporcionam um espaço tridimensional, uma vez que os gatos gostam de saltar e trepar em locais altos.

Uma alternativa caseira às plataformas comerciais é colocar prateleiras nas quais eles possam trepar. Os nossos gatos gostam de lugares altos porque lhes permite ter uma visão tridimensional do seu território, bem como um lugar para escapar ou fugir, uma vez que muitos vivem com crianças ou cães que não conseguem chegar a esses lugares.

Como ensinar um gato a urinar no tabuleiro de areia

Os gatos são animais muito limpos, que passam parte do dia a lavar e a tratar do pelo. Desde muito cedo, aprendem, quase de forma inata, a defecar no tabuleiro de areia. Para **maximizar a utilização do tabuleiro de areia**, devem ser tidas em conta as caraterísticas físicas do tabuleiro de areia, o número de tabuleiros, o tipo de areia e a localização do tabuleiro de areia.

Deveria haver pelo menos dois tabuleiros de areia para cada gato que viva na casa. O tabuleiro deveria ter um rebordo largo e baixo e ser suficientemente grande para o gato se poder virar. Deveria estar localizado numa zona calma, sem trânsito, acessível e afastado de aparelhos eléctricos. Deveria ser limpo diariamente de excrementos e a areia deveria ser mudada semanalmente.

Existem diferentes **tipos de areia** no mercado e cada gato tem as suas próprias preferências:

- A areia de aglomeração é uma das areias mais populares para gatos. Esta areia caracteriza-se pelo facto de formar uma bola quando entra em contacto com a urina, que é facilmente recolhida. Esta caraterística facilita a manutenção da caixa de areia limpa.
- As camas clássicas de sepiolite criam demasiado pó e não são recomendadas para gatos com problemas respiratórios.
- A areia de vidro camufla muito bem o cheiro, mas muitos gatos não gostam de a sentir.

Os machos inteiros, não castrados, podem **urinar fora da caixa de areia** para marcar território. Esta urina é uma urina de marcação e o gato deposita-a por toda a casa, exceto na caixa de areia. Isto pode ser um problema para a coabitação porque esta urina tem um odor forte e desagradável. A este respeito, recomenda-se a esterilização dos machos que não se destinam a ser utilizados como reprodutores.

O gato deve comer apenas a sua própria comida, evitando estragá-lo com guloseimas caseiras.

Orientações para educar e estimular o seu gato a comer alimentos saudáveis

Se tem um gatinho novo em casa, lembre-se que é importante dar-lhe uma **alimentação adequada** à sua idade, sexo e saúde. Além disso, os gatos bebem muito pouca água, devido à sua origem desértica, pelo que é interessante incentivar o seu consumo com bebedouros, deixá-los beber da torneira... É preferível colocar o bebedouro e o comedouro em recipientes separados.

Uma prática interessante é **esconder comida pela casa** ou utilizar brinquedos que dão comida. O objetivo de ambos é estimular o instinto de procura de alimentos e de caça. O gato mantém-se entretido nas inúmeras horas que, por vezes, passamos fora de casa devido ao ritmo de vida que levamos e, além disso, estimulamo-lo a fazer exercício.

Para evitar que os gatos roubem comida do caixote do lixo ou da bancada da cozinha, devemos educá-los desde pequenos a **comer apenas a sua própria comida**, evitando a comida caseira e as guloseimas. Quando o gato se torna adulto, fixa as suas predilecções alimentares e é difícil que se interesse por experimentar novos alimentos.

As necessidades nutricionais de um gato dependem da sua idade: cachorro, adulto ou sénior e do seu estado de saúde. Muitas doenças felinas, como a diabetes, a obesidade ou a presença de cristais na urina, podem ser prevenidas ou combatidas com alimentos especialmente formulados.

BIBLIOGRAFIA

Alvarado, R. 1970. *Los Felinos: gatos, leones, tigres, leopardos...*Editorial Noger, S.A. Barcelona-Madrid, 80 pp.

Bephar. 2024. *Criar um gatinho, dicas e truques úteis. Animais de estimação.*

Educação animal. 2015. *Conselhos para educar o seu gato em casa.*

Gibbon, D. e J. Burton. 1976. *Os fiéis amigos do homem: cães, gatos e cavalos.* Creaciones especializadas de Artes Gráficas, S. A. Barcelona, 125 pp.

http//www, wikipedia. com

Microsoft Encarta. 2009. *O gato.* 1993-2008 Microsoft Corporation. *http//www. Encarta.com*

Mais fontes

Ligações Web

Animais de estimação
Site dedicado aos animais de estimação. Cães, gatos, peixes... Oferece ligações relacionadas e informações sobre os cuidados e a prevenção de doenças dos animais de estimação. Em espanhol.
http://www.mascotas.com/
Animais de estimação amigáveis
Sítio Web com informações pormenorizadas sobre os cuidados a ter com os animais de estimação.
http://www.mascotamigas.com/
Os meus animais
Informações exaustivas sobre todos os tipos de animais de estimação.
http://www.misanimales.com/

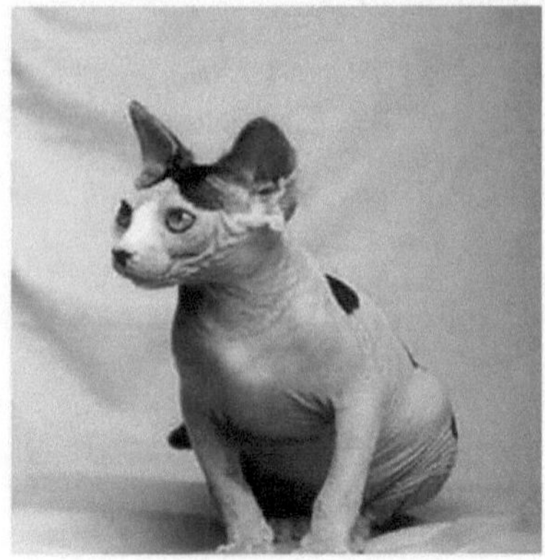

MIX
Papier aus verantwortungsvollen Quellen
Paper from responsible sources
FSC® C105338

Printed by Books on Demand GmbH, Norderstedt / Germany